Table des matières

La génétique des japonais.........7
La génétique des européens 17
La Taille de la population 33
La pilosité 36
La pilosité 39
   Le développement musculaire 41
   Le développement musculaire.......44
   Testosterone rate 51
   La variété génétique...........54
   La variété génétique...........58
   L'autre taille !.......................61
   Le viellissement..................68

L'histoire génétique

Bienvenue dans une exploration fascinante de la diversité génétique humaine, un domaine qui se situe à l'intersection de la biologie, de l'anthropologie et de l'histoire. Ce livre vous invite à un voyage à travers les variations génétiques qui définissent les populations du monde entier, révélant comment ces différences influencent non seulement nos caractéristiques physiques, mais aussi notre santé, nos comportements et notre façon de vivre.

Notre exploration débutera avec une analyse des traits génétiques spécifiques des populations européennes et japonaises, illustrant comment des facteurs historiques, environnementaux et sociaux ont façonné des adaptations uniques. Nous examinerons des caractéristiques telles que la stature, la pilosité, le développement musculaire, et même la manière dont nous vieillissons, mettant en lumière les influences complexes de la génétique et de l'environnement.

À travers les pages de ce livre, nous découvrirons également comment la science moderne interprète et explique la variabilité humaine à un niveau jamais atteint auparavant. Nous verrons comment les avancées en génétique nous permettent de retracer les mouvements migratoires ancestraux et de comprendre les adaptations évolutives de l'humanité face à divers défis écologiques et climatiques.

Ce voyage est non seulement une occasion de célébrer la richesse de la diversité humaine, mais aussi de comprendre les implications profondes de cette diversité pour la médecine, la santé publique, et les politiques sociales. En nous engageant dans cette quête de savoir, nous espérons non seulement enrichir notre connaissance du monde humain, mais aussi renforcer notre appréciation pour la merveilleuse complexité de la nature humaine.

Préparez-vous à défaire les nœuds de notre héritage commun et à découvrir la beauté intrinsèque qui se cache dans notre diversité génétique.

La génétique des japonais

La Génétique Japonaise : Une Mosaïque Insulaire

La génétique de la population japonaise présente un exemple captivant de l'influence de l'isolement géographique et culturel sur la diversité génétique humaine. L'archipel japonais, avec ses particularités historiques et géographiques, a servi de laboratoire naturel pour l'évolution des traits génétiques distincts, façonnés par des millénaires d'histoire isolée.

Les Racines Génétiques du Japon
Les origines de la population japonaise sont un mélange

complexe d'influences migratoires venant principalement de la péninsule coréenne et de l'Asie du Sud-Est, avec des contributions significatives des peuples Jomon et Yayoi, ces derniers ayant apporté des pratiques agricoles et une nouvelle composante génétique à partir d'environ 300 av. J.-C. Ces vagues de migration, en se combinant avec l'isolement géographique du Japon, ont créé une population relativement homogène. Cette homogénéité est un trait caractéristique de l'archipel, permettant une étude fascinante des liens entre génétique, culture et environnement.

Caractéristiques et Adaptations Génétiques

Le peuple japonais présente des caractéristiques génétiques qui reflètent des adaptations à leur environnement unique et à leur mode de vie. Parmi ces traits, on trouve une fréquence élevée du groupe sanguin A, ce qui est intéressant car certaines études suggèrent que ce groupe sanguin pourrait avoir des implications sur la susceptibilité à certaines maladies et conditions. De plus, les Japonais possèdent des variations génétiques qui influencent le métabolisme des lipides et la digestion du riz, un pilier de l'alimentation japonaise.

Les adaptations ne se limitent pas aux aspects physiologiques. Certaines caractéristiques génétiques affectent également des traits physiques tels que la densité des cheveux, la couleur de la peau, et même certaines particularités faciales.

La Génétique Japonaise : Une Mosaïque Insulaire

Implications Médicales et Sociales
Cette homogénéité génétique a aussi des implications médicales importantes. Par exemple, elle influence la manière dont les maladies sont traitées et gérées, car certaines maladies génétiques sont plus prévalentes dans des

populations génétiquement homogènes. La pharmacogénétique, ou l'étude de la façon dont les gènes affectent la réponse individuelle aux médicaments, est donc particulièrement pertinente au Japon. Les recherches dans ce domaine pourraient mener à des traitements plus personnalisés et plus efficaces, réduisant les effets secondaires et améliorant les résultats de santé.

La Génétique et l'Identité Culturelle

La génétique est également profondément entrelacée avec l'identité culturelle. Au Japon, où la culture valorise fortement la cohésion et l'harmonie, la compréhension de la génétique peut aussi aider à naviguer dans les discussions sur la diversité et l'inclusion, surtout dans un contexte mondialisé où les interactions entre différentes populations génétiques deviennent plus fréquentes.

L'Isolation Génétique et ses Conséquences

L'isolement génétique a certainement ses avantages, comme l'harmonie culturelle et une incroyable synchronisation lors des concours de karaoke. Cependant, il comporte aussi des inconvénients, notamment une diversité génétique réduite. Cette limitation peut conduire à ce que certains appellent une "dégradation génétique" – un terme plutôt dramatique pour décrire des situations où la variabilité génétique réduite peut augmenter la fréquence de certaines maladies génétiques.

Pour être clairs, la génétique japonaise n'est pas en train de "dégénérer" au sens littéral du terme; plutôt, la population peut être plus susceptible à certaines conditions héréditaires simplement parce qu'il y a moins de variabilité pour "diluer" l'impact de gènes délétères.

La Génétique Japonaise : Une Mosaïque Insulaire

C'est un peu comme manger tous les jours la même chose : c'est peut-être pratique, mais ça ne va pas forcément couvrir tous vos besoins nutritionnels.

Taux Élevé de Certaines Maladies Génétiques

Dans une population aussi homogène, certaines maladies génétiques récessives peuvent apparaître avec une fréquence plus élevée. Par exemple, certaines conditions métaboliques et neurologiques sont observées plus fréquemment au Japon que dans des populations plus diverses génétiquement. Ce n'est pas que les Japonais ont "mauvais gène"; plutôt, les gènes impliqués dans ces conditions n'ont pas été "dilués" par le brassage avec d'autres populations.

Génétique et Société : Un Équilibre Délicat

La discussion autour de la "dégénérescence génétique" doit être abordée avec sensibilité et précision. Utiliser des termes comme "dégénérescence" peut involontairement véhiculer des connotations négatives ou alarmistes. Au lieu de cela, il est plus approprié de parler de "conséquences de l'isolement génétique prolongé" et de la manière dont la diversité génétique peut être bénéfique pour une population.

La génétique des européens

La Génétique des Européens : Un Tissu de Diversité et de Résilience

L'histoire génétique de l'Europe est une épopée fascinante de migrations, de mélanges et de survie, reflétant la riche tapestry de cultures et de géographies qui caractérisent ce continent. Contrairement à des régions plus isolées comme le Japon, l'Europe a toujours été un point de convergence pour des populations diverses, chacune laissant sa marque dans le patrimoine génétique de ses habitants.

Un Continent Bâti sur le Mélange
Dès les temps préhistoriques jusqu'à l'époque moderne, l'Europe a été le théâtre d'une incessante danse de populations : invasions, migrations, alliances et mariages ont mélangé les gènes d'une manière que peu de régions du monde ont connu. Des guerriers nordiques aux légionnaires romains, en passant par les marchands arabes et les nomades des steppes, chaque groupe a tissé son fil dans le tissu génétique européen. Cette incroyable diversité génétique est la pierre angulaire de la résilience et de l'adaptabilité qui caractérisent les peuples

européens.

Adaptation à des Environnements Extrêmes

Les Européens ont dû s'adapter à un éventail impressionnant de climats et de terrains, allant des glaces perpétuelles du nord de la Scandinavie aux étendues arides de la Méditerranée, en passant par les sommets vertigineux des Alpes et des Pyrénées. Ces adaptations ont laissé des empreintes génétiques profondes, comme la capacité à métaboliser différentes sortes d'aliments ou à résister à des températures extrêmes. Par exemple, la capacité à digérer le lactose dans l'âge adulte, si commune en Europe du Nord, est un héritage direct de l'importance de l'élevage laitier dans ces régions où d'autres sources alimentaires étaient limitées.

La Génétique des Européens : Un Tissu de Diversité et de Résilience

Une Tradition de Combat et de Survie

L'histoire européenne est jalonnée de conflits qui ont non seulement façonné le continent sur le plan culturel et politique, mais ont également influencé son paysage génétique. La nécessité historique de défendre des territoires, d'explorer de nouveaux horizons, ou de se soulever contre l'oppression a cultivé des générations d'Européens naturellement endurcis et tenaces. Des études suggèrent que des traits tels que la robustesse physique, l'endurance et même certaines compétences cognitives pourraient avoir été influencés par ces siècles de survie dans un environnement souvent impitoyable.

La Génétique Européenne : Diversité des Traits et Robustesse Génétique

La diversité phénotypique des Européens, notamment en termes de couleurs des yeux et de cheveux, ainsi que leur faible prévalence de certaines maladies génétiques, illustre la richesse de leur héritage génétique. Cette variété n'est pas seulement le résultat de la mode ou du climat, mais de milliers d'années d'adaptation et de mélange génétique qui ont créé une palette de traits physiques parmi les plus diversifiés du monde.

Couleurs des Yeux et des Cheveux : Un Spectacle de Diversité L'Europe est renommée pour la variété de couleurs des yeux et des cheveux de sa population, une diversité qui s'étend bien au-delà des autres régions du monde. Du bleu profond des yeux scandinaves au brun chaud des yeux méditerranéens, en passant par les cheveux blonds des pays baltes aux boucles brunes de l'Italie, cette diversité est le résultat direct d'une histoire génétique complexe.

Cette variété de pigmentation est principalement due à des variations dans plusieurs gènes, y compris ceux qui régulent la mélanine, le pigment qui donne sa couleur à la peau, aux cheveux et aux yeux.

Les mutations dans ces gènes, telles que celles trouvées dans les gènes OCA2 et HERC2, ont été favorisées dans certaines régions en raison de leur effet sur la capacité des individus à synthétiser la vitamine D sous des latitudes où le soleil est moins présent.

Faible Taux de Certaines Maladies Génétiques

L'Europe, avec son long historique de brassage génétique, présente un faible taux de certaines maladies génétiques qui sont plus prévalentes dans des populations plus isolées. Cette robustesse génétique est due à la diversité génétique accrue qui réduit les chances de récessivité des gènes délétères. En effet, la variabilité génétique agit comme un tampon contre la propagation de maladies héréditaires qui nécessitent deux copies du gène affecté pour se manifester.

Différents Types d'Êtres Humains dans l'ADN Européen

Le vaste mélange de populations qui a eu lieu en Europe au fil des millénaires a créé un spectre incroyablement large de variabilité génétique. Les Européens modernes portent en eux les signatures génétiques de nombreux peuples anciens, des chasseurs-cueilleurs de l'ère glaciaire aux agriculteurs néolithiques venus du Proche-Orient, en passant par les guerriers des steppes et les marchands phéniciens.

Cette mosaïque génétique ne se traduit pas seulement par des différences physiques, mais aussi par une variété de réponses immunitaires, de métabolismes et même de dispositions psychologiques, qui ensemble composent le tableau complexe de la diversité humaine européenne.

La génétique européenne, avec sa diversité de traits et sa robustesse contre certaines maladies, est un témoignage vivant de l'histoire migratoire et de l'adaptation de l'humanité à un environnement en constante évolution.

Les différences génétiques

La Taille de la population

Dans notre exploration fascinante des différences génétiques à travers le monde, il est intéressant de noter comment les Européens tendent à dominer les concours de taille par rapport à leurs voisins japonais. Les hommes européens, par exemple, arborent une stature imposante avec une moyenne de 182 cm, tandis que les hommes japonais, plus modestes, affichent en moyenne 170 cm. Chez les femmes, la tendance est similaire : les Européennes culminent en moyenne à 171 cm, contre 158 cm pour les

Japonaises.

Ces écarts ne sont pas juste des chiffres pour épater lors d'un quiz de géographie ; ils sont le reflet de l'orchestration complexe entre génétique, diète et mode de vie. Pendant que les Européens peuvent remercier leur penchant historique pour les protéines abondantes – pensez aux steaks et aux fromages qui ont poussé comme des champignons sur leurs tables – les Japonais ont suivi un régime traditionnellement riche en poissons et en légumes, excellent pour le cœur, mais moins généreux en promoteurs de croissance comme le calcium.

En somme, ces différences de taille ne sont pas juste des anecdotes amusantes pour animer les dîners, mais de véritables témoignages de la manière dont notre héritage génétique et nos choix de vie façonnent non seulement notre santé, mais aussi notre silhouette. Alors, la prochaine fois que vous vous sentirez petit à côté d'un visiteur européen, rappelez-vous : c'est toute une histoire de génétique et de culture, servi sur un plateau de diversité mondiale!

La Taille de la population

La différence de taille entre Européens et Japonais peut s'expliquer par des facteurs alimentaires et génétiques. Les Européens consomment traditionnellement plus de produits laitiers et de viandes, riches en protéines et en calcium qui favorisent la croissance. À l'inverse, le régime japonais, bien que nutritif, inclut moins de ces éléments.

Sur le plan génétique, les Européens bénéficient d'un brassage génétique diversifié dû à des siècles de migrations, ce qui pourrait contribuer à leur plus grande variabilité en taille. Les Japonais, ayant eu une histoire plus isolée, présentent une homogénéité génétique qui se traduit souvent par une stature plus modeste.

Concernant les hormones, la testostérone, plus abondante chez les hommes, influence la croissance osseuse et la taille. Les hommes japonais, avec des niveaux possiblement différents de testostérone et d'œstrogène, pourraient présenter des caractéristiques physiques distinctes de celles des Européens. Ces hormones jouent donc également un rôle clé dans les différences physiques observées entre ces populations.

La pilosité

En explorant les traits physiques distinctifs entre les populations européennes et japonaises, la pilosité corporelle se présente comme un marqueur notable de divergence. Cette différence peut être attribuée à plusieurs facteurs environnementaux, hormonaux et évolutifs.

Facteurs Hormonaux et Génétiques
Les Européens ont tendance à avoir une pilosité corporelle plus abondante comparativement aux Japonais, une caractéristique souvent associée à des niveaux plus élevés de

testostérone. Cette hormone, qui influence le développement des caractères sexuels secondaires tels que la pilosité, est généralement plus présente chez les hommes européens que chez leurs homologues japonais. Ce phénomène est renforcé par un dimorphisme sexuel plus marqué chez les Européens, où la distinction entre les caractéristiques masculines et féminines est plus prononcée, notamment en raison de concentrations plus faibles d'œstrogènes chez les hommes européens comparativement aux hommes japonais.

Influences Environnementales
Historiquement, les ancêtres

européens ont évolué dans des environnements souvent rudes et froids, où une pilosité corporelle plus dense pouvait offrir un avantage en termes de thermorégulation. Cette adaptation a favorisé la survie dans des climats où le maintien de la chaleur corporelle était crucial. En revanche, le Japon, caractérisé par son climat plus tempéré, n'a pas exercé de pression sélective aussi forte pour une pilosité abondante.

La pilosité

Perceptions Culturelles et Sociales

Il est également important de considérer la dimension culturelle et sociale qui influence la perception de la pilosité. En Europe, une pilosité plus visible est souvent acceptée voire valorisée, notamment chez les hommes, comme un signe de virilité. Au Japon, la tendance culturelle favorise une apparence moins poilue, qui est souvent perçue comme plus nette et esthétiquement préférable, tant chez les hommes que chez les femmes.

Ainsi, les différences observées dans la pilosité entre les Japonais et les Européens ne sont pas simplement des curiosités superficielles, mais le résultat d'une complexe interaction entre génétique, histoire évolutive et normes culturelles. Ces traits ne définissent pas seulement des aspects de l'identité individuelle et collective, mais témoignent également de la manière dont les populations humaines se sont adaptées à leurs environnements et ont été façonnées par eux.

Le développement musculaire

Si vous êtes fasciné par les différences physiques entre les populations, le développement musculaire entre les Européens et les Japonais ne manquera pas de piquer votre curiosité. Ces variations ne sont pas seulement une question d'esthétique; elles reflètent un mélange complexe de génétique, de régime alimentaire, et de style de vie.

Force Européenne : L'Impact du Climat et de l'Alimentation
Les Européens, avec leur histoire de vie dans des climats variés et souvent rigoureux, et

une diète traditionnellement riche en protéines (pensez aux gros morceaux de viande et aux produits laitiers abondants), ont développé une masse musculaire impressionnante. Que ce soit pour labourer les champs ou pour partir en conquête, une bonne musculature était indispensable. Cette prédisposition à la musculature bien développée est aussi soutenue par des activités physiques régulières et intenses qui sont une composante traditionnelle de nombreux modes de vie européens.

Délicatesse Japonaise : Moins de

Muscle, Plus de Mobilité

À l'autre bout du spectre, les Japonais, bénéficiant d'un régime alimentaire plus centré sur le poisson, les légumes, et le riz, ont tendance à développer une musculature moins volumineuse. Cette configuration physique n'est pas simplement le résultat de choix alimentaires mais aussi d'une préférence culturelle pour des activités moins axées sur la force brute et plus sur la dextérité et l'endurance, comme le montrent des pratiques traditionnelles telles que le judo ou le kendo.

Le développement musculaire

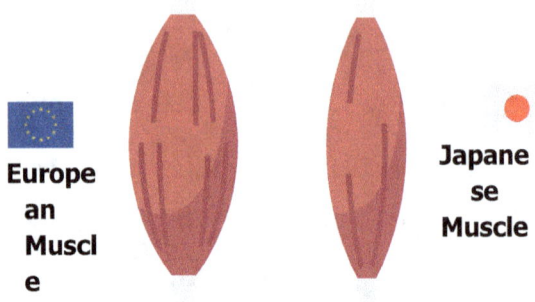

Hormones et Héritage Génétique Les différences hormonales jouent également un rôle crucial. Avec généralement des niveaux plus élevés de testostérone, les hommes européens ont un avantage dans le développement de la masse musculaire. En revanche, des niveaux hormonaux différents chez les Japonais favorisent d'autres traits physiques, comme une plus grande flexibilité et endurance, qui sont tout aussi avantageux dans le contexte de leur environnement et de leur culture.

Conclusion

La comparaison du développement musculaire entre les Européens et les Japonais est un exemple fascinant de la manière dont la génétique, l'environnement et la culture façonnent nos corps de manières profondément différentes. Ces distinctions ne sont pas de simples curiosités mais des adaptations évolutives qui ont permis à chaque population de prospérer dans son environnement unique. Alors, que vous souleviez des haltères ou pratiquiez le Tai Chi, souvenez-vous que chaque muscle a sa propre petite histoire d'évolution à raconter.

Le développement musculaire

Les hormones jouent un rôle fondamental dans la détermination des traits physiques et comportementaux des individus. Parmi ces hormones, la testostérone et l'œstrogène sont particulièrement cruciales, influençant tout, de la musculature à la densité osseuse, en passant par la répartition des graisses et même certaines tendances comportementales.

Taux de Testostérone : Plus qu'une Question de Muscles
La testostérone, souvent appelée l'hormone de la virilité,

est associée à la croissance musculaire, à la force physique et à l'agressivité. Les hommes européens, avec des niveaux généralement plus élevés de testostérone, tendent à développer une masse musculaire plus importante et possèdent souvent une stature plus grande. Cette prévalence élevée de testostérone a été avantageuse dans des environnements où la force physique et la résilience étaient essentielles pour la survie et le succès social.

En contraste, les hommes japonais présentent souvent des niveaux légèrement inférieurs de testostérone, ce qui correspond à des caractéristiques physiques généralement moins dominées par la force brute. Cette différence pourrait également influencer les normes sociales et les comportements, favorisant des valeurs telles que la coopération et l'harmonie, qui sont hautement valorisées dans la société japonaise.

Taux d'Œstrogène : L'Influence Subtile mais Profonde
L'œstrogène, bien qu'étant principalement considéré comme une hormone féminine, joue un rôle important chez les hommes également. Il influence la santé osseuse, la

distribution des graisses corporelles et peut même jouer un rôle dans l'humeur. Les niveaux d'œstrogène chez les hommes japonais, qui sont relativement plus élevés par rapport à leurs homologues européens, peuvent contribuer à une apparence généralement plus fine et moins de pilosité corporelle.

Le développement musculaire

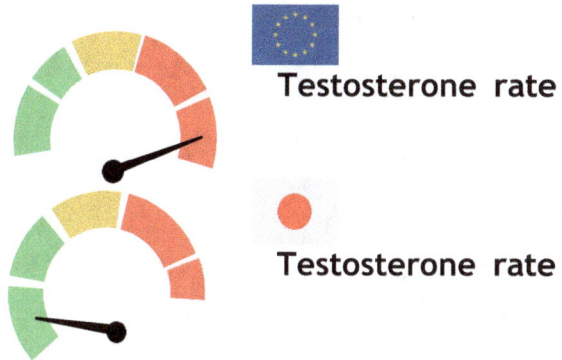

Conséquences Culturelles et Sociales

Ces différences hormonales ne sont pas seulement des curiosités biologiques; elles ont des implications profondes pour la culture et les interactions sociales. Par exemple, les sociétés où les hommes ont des niveaux plus élevés de testostérone pourraient valoriser la compétition, l'indépendance et la dominance, tandis que dans les cultures avec des niveaux hormonaux favorisant moins l'agressivité, comme au Japon, des valeurs comme la politesse, le respect mutuel et la coopération sont souvent plus prononcées.

Conclusion
En somme, le taux de testostérone et d'œstrogène influence bien plus que notre apparence; il façonne également nos comportements, nos valeurs et par extension, notre culture. Comprendre ces différences peut nous aider à mieux apprécier la diversité des expressions humaines à travers le monde, révélant comment

nos corps et nos comportements sont profondément enracinés dans une danse complexe d'hormones et d'histoire évolutive.

La variété génétique

La variété génétique au sein des populations humaines est non seulement fascinante, mais aussi fondamentale pour comprendre comment nous nous sommes adaptés à une multitude d'environnements à travers le monde. Cette diversité génétique est le résultat de millénaires de migrations, d'isolements, de mélanges et de sélections naturelles, façonnant des traits distincts qui caractérisent aujourd'hui les différents groupes ethniques et populations.

L'Origine de la Diversité Génétique

La diversité génétique commence au niveau des mutations aléatoires dans l'ADN, qui sont soit héritées soit nouvellement formées. Ces mutations sont la source première de la diversité génétique, offrant un pool de variations sur lequel la sélection naturelle et d'autres forces évolutives peuvent agir. Au fil des générations, les populations qui se sont éloignées géographiquement ou culturellement ont subi différentes pressions environnementales, conduisant à des adaptations spécifiques.

L'Impact des Mélanges et des Mouvements de Populations

Les migrations humaines ont joué un rôle crucial dans la diversification génétique. À mesure que les humains se sont déplacés et ont colonisé de nouveaux territoires, ils se sont mélangés avec les populations locales, augmentant la variété génétique. En Europe, par exemple, l'histoire est marquée par de vastes mouvements de populations tels que les invasions barbares, les expansions vikings et les conquêtes romaines, qui ont mélangé les gènes de manière extensive.

En contraste, des populations comme les Japonais, ayant vécu une grande partie de leur histoire en relative isolation géographique sur des îles, montrent une homogénéité génétique plus marquée. Cet isolement a limité leur mélange génétique avec d'autres groupes, préservant des traits spécifiques qui sont maintenant caractéristiques de la population japonaise.

La variété génétique

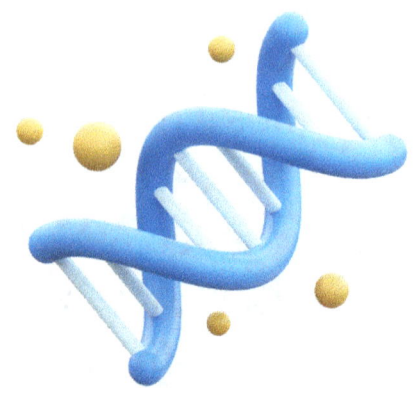

Conséquences de la Variabilité Génétique

La variabilité génétique n'affecte pas seulement des traits superficiels comme la couleur de la peau ou la forme des yeux, elle influence également des aspects plus profonds comme la susceptibilité à certaines maladies, la réponse aux médicaments, la digestion des différents aliments, et même certains comportements. Par exemple, certaines populations ont développé une tolérance au lactose, permettant l'ingestion de produits laitiers comme source nutritive en Europe, tandis que d'autres populations peuvent avoir des variantes génétiques qui affectent leur réponse immunitaire.

Conclusion
La diversité génétique est un testament à l'histoire complexe et interconnectée de l'humanité. Elle illustre non seulement notre capacité à nous adapter à une gamme incroyablement variée d'environnements, mais aussi la manière dont nos histoires génétiques individuelles et

collectives sont tissées dans le tissu de notre existence. Comprendre cette diversité nous aide à apprécier la richesse de notre héritage commun et à aborder avec sensibilité et intelligence les questions liées à la génétique dans notre société mondialisée.

L'autre taille !

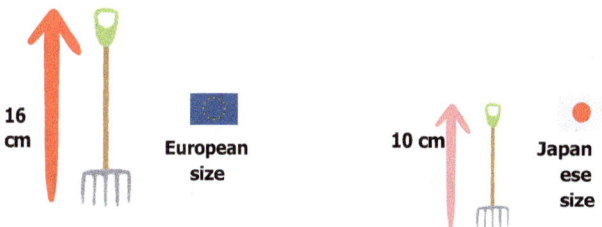

Dans le vaste jardin du monde, les jardiniers de chaque coin ont leurs outils préférés, spécialement adaptés à la terre qu'ils cultivent. Les outils peuvent varier en forme et en taille, selon les besoins et les traditions de chaque jardinier.

Les Fiers Outils des Jardiniers Européens
Prenons par exemple les jardiniers européens, réputés pour leurs magnifiques jardins et leur art topiaire. Ils ont

tendance à avoir des gros et grands râteaux, en moyenne de 16cm. Ces grands outils les aident à manœuvrer à travers des tâches ardues et à sculpter leurs paysages en véritables œuvres d'art.

Les Délicats Instruments des Jardiniers Japonais
À l'autre bout du jardin, les jardiniers japonais, maîtres de l'art délicat des jardins Zen, utilisent des instruments plus petits et précis. Ces outils sont parfaits pour les détails minutieux requis par leurs créations, permettant une précision essentielle pour maintenir l'harmonie et l'esthétique traditionnelles de

leurs espaces verts.

Pourquoi cette Différence?
La taille des outils ne reflète pas seulement les différences dans les techniques de jardinage; elle symbolise également la manière dont chaque culture a adapté ses instruments aux types de jardins qu'ils cultivent. Plus gros n'est pas nécessairement mieux, tout dépend du type de jardin et de la délicatesse des fleurs et des arbustes que l'on souhaite cultiver. Le jardiniers st adapté à son jardin

Le vieillissement

Dans le ballet gracieux des années qui passent, il semble que les Japonais aient trouvé une manière de danser un peu plus lentement que d'autres. En effet, il est souvent observé que les Japonais vieillissent avec une grâce remarquable, conservant une vitalité et une jeunesse apparente plus longtemps que leurs contemporains occidentaux. Cette différence fascinante peut être attribuée à une combinaison de facteurs génétiques, environnementaux et culturels.

Secrets Génétiques du Ralentissement du Vieillissement
Les Japonais bénéficient peut-

être de certaines caractéristiques génétiques qui influencent la longévité et le processus de vieillissement. Des études ont suggéré que des variantes génétiques chez certains Japonais pourraient jouer un rôle dans leur longévité exceptionnelle, comme des gènes liés à un meilleur métabolisme des graisses et une moindre prévalence de certaines maladies liées à l'âge.

L'Impact du Régime Alimentaire et du Mode de Vie

Au-delà de la génétique, le régime alimentaire japonais traditionnel, riche en poissons, en légumes, en fruits, en algues et faible en graisses saturées, contribue grandement à la santé générale et pourrait jouer un rôle dans la prévention des maladies chroniques liées à l'âge. Ce régime, combiné à une culture qui valorise l'activité physique régulière, comme la marche et le jardinage, aide à maintenir la vigueur physique et mentale.

La Cohésion Sociale et le Soutien Communautaire

La structure sociale et le soutien communautaire au Japon favorisent également une vieillesse saine. Les personnes âgées sont souvent intégrées dans la vie familiale et communautaire, ce qui contribue à leur bien-être émotionnel et mental. Cette intégration sociale peut aider à prévenir les sentiments de solitude et de dépression, qui peuvent affecter négativement la santé et la longévité.

Le vieillissement

Ainsi, dans la course contre le temps, les Japonais semblent bénéficier d'un mélange avantageux de facteurs biologiques, environnementaux et sociaux qui ralentissent leur horloge biologique. En observant et en apprenant de leurs habitudes de vie, peut-être pouvons-nous tous ajouter quelques pas gracieux à notre propre danse à travers les années, vieillissant non seulement avec plus de santé, mais avec une élégance renouvelée.

Conclusion

Au terme de notre voyage à travers le vaste paysage de la diversité génétique humaine, nous avons découvert les merveilleuses façons dont la biologie, l'environnement et la culture s'entrelacent pour façonner les populations à travers le monde. De la stature et de la pilosité aux processus de vieillissement, chaque caractéristique de notre être porte l'empreinte de l'histoire évolutive de notre espèce ainsi que des adaptations uniques à des environnements spécifiques.

Nous avons exploré comment les Européens et les Japonais,

chacun dans leur contexte géographique et culturel, présentent des traits distincts qui ne sont pas simplement des curiosités biologiques, mais des adaptations qui ont permis à ces populations de prospérer dans leurs environnements respectifs. Ces différences nous rappellent la beauté de la diversité humaine et la complexité de notre patrimoine génétique.

En reconnaissant et en célébrant cette diversité, nous pouvons mieux comprendre non seulement notre passé, mais aussi comment nous pouvons façonner un avenir où la santé, le bien- être et le respect mutuel sont partagés par tous, indépendamment des différences génétiques. Cela nous appelle également à une responsabilité collective de préserver et de valoriser cette diversité, non seulement pour enrichir notre compréhension de l'humanité, mais aussi pour répondre efficacement aux défis globaux de la santé et de la maladie.

Enfin, ce livre a pour but de nous inspirer à regarder au-delà des apparences et à chercher à comprendre les racines profondes qui nous unissent en tant qu'espèce. C'est dans notre capacité à apprécier et à apprendre de notre diversité que réside notre plus grand potentiel pour l'avenir. Ainsi, en poursuivant nos explorations de la génétique humaine, nous continuons de tisser le riche tapis de l'histoire humaine, illuminé par la science et enrichi par une compréhension profonde de notre incroyable diversité.

www.ingramcontent.com/pod-product-compliance
Lightning Source LLC
Chambersburg PA
CBHW050014230526
45470CB00003B/968